国有林场 GEF 项目中国实践系列丛书

国家林业和草原局国有林场和种苗管理司　组织编写

山水林田湖草沙生态保护修复的中国实践

中国林业出版社
China Forestry Publishing House

丛 书 简 介

国有林场 GEF 项目在森林景观恢复、森林生态系统服务、山水林田湖草沙生命共同体三大核心理念的指导下，通过大胆探索和实地实施，形成了众多项目成果。本丛书精选了其中最具创新性、引领性、时代性特征的三个成果编写成书——《新型森林经营方案的中国实践》《山水林田湖草沙生态保护修复的中国实践》《森林景观恢复理念的中国实践》，展示将森林景观恢复理念本土化、主流化的实践经验，以期为我国森林生态系统服务功能的提升、山水林田湖草沙综合修复和一体化治理提供参考和借鉴。

图书在版编目（CIP）数据

山水林田湖草沙生态保护修复的中国实践 / 国家林业和草原局国有林场和种苗管理司组织编写 . -- 北京：中国林业出版社，2023.11

（国有林场 GEF 项目中国实践系列丛书）

ISBN 978-7-5219-2330-8

Ⅰ. ①山… Ⅱ. ①国… Ⅲ. ①森林景观—景观规划—中国 Ⅳ. ①S718.5

中国国家版本馆 CIP 数据核字（2023）第 168461 号

责任编辑：于晓文 于界芬

封面设计：大漠方圆

出版发行：中国林业出版社
　　　　　（100009，北京市西城区刘海胡同 7 号，电话 010-83143549）
电子邮箱：cfphzbs@163.com
网址：www.forestry.gov.cn/lycb.html
印刷：河北京平诚乾印刷有限公司
版次：2023 年 11 月第 1 版
印次：2023 年 11 月第 1 次
开本：710 mm×1000 mm　1/16
印张：3.5
字数：60 千字
定价：146.00 元（全 3 册）

前　言

　　应对生态退化和开展森林景观恢复面临着经济、社会和生态等方面的复杂挑战。面对森林退化和经济发展的双重压力，关注和考虑景观尺度获得更多生态产品和社区经济收益目标，这些需要得到相关方的支持，通过跨部门合作推动森林景观恢复进程。开展防止毁林、退化及促进恢复的具体行动，需要探索建立基于森林景观恢复的多目标决策、实施计划及系统整体解决方案，形成具有中国特色的退化森林景观恢复实践方案。

　　森林景观恢复涉及大型连片的退化或破碎化林地，目标是形成不同土地利用形式斑块镶嵌化景观。"通过森林景观恢复和国有林场改革，增强中国人工林的生态系统服务功能项目"（简称"国有林场 GEF 项目"）以贵州省毕节市、河北省丰宁县、江西省信丰县为试点区，将森林景观恢复和国家山水林田湖草沙生态保护修复工作相结合，编制了《森林景观恢复规划》，包括技术方案、组织实施和决策管理体系框架，提供可借鉴的多效益目标方案、决策经验、恢复措施及模式案例。

　　《森林景观恢复规划》以促进退化景观恢复和区域生态服务功能提升

为目标，衔接生态功能区划、国土空间规划和生态保护红线，针对生态重要区、生态脆弱区和生态经济区等重点功能空间提出保护修复区划及恢复方向，提出山水林田湖草沙多要素的整体性、系统性和综合性的生态修复方案。

《森林景观恢复规划》界定了总体原则、目标定位和规划方法等总体要求，探索了编制工作流程、组织实施机制、调研工作内容及数据分析技术框架，为山水林田湖草沙生态保护修复项目实施方案编制等提供工作指南。应用景观恢复潜力评估方法、森林景观恢复框架、双评价技术等工具，多利益相关方参与及跨部门协作机制，确定主要恢复干预的类型、敏感区和优先区，建立生态、社会和经济效益整合的、动态的和多层次的生态修复方案。

森林景观恢复的整体决策和实施计划体现国家意志、政策，并由政府多部门联合推动，探索了跨部门的组织协调机制、公众参与、专项规划衔接等技术路径，提供了具有前瞻性、导向性和可操作性的退化森林景观恢复的中国实践方案，满足长期可持续的人类福祉需求，更是为全球森林景观恢复提供了新的经验和借鉴。

本书得到了全球环境基金和世界自然保护联盟的支持，在此致谢。

本书编委会

2022 年 7 月

目　录

前　言

1

山水林田湖草沙
生态保护修复背景

一、生态文明建设的国家战略

我国幅员辽阔，形成了森林、草原、荒漠、湿地与河湖等复杂多样的自然生态系统。长期以来，受持续增长的人口压力、高强度国土开发建设、自然资源大范围开发利用等因素影响，部分地区自然生态系统退化严重，人工纯林面积占比高、质量较差和系统不稳定，草原中度和重度退化面积占 1/3 以上，部分河道、湿地、湖泊生态功能降低或丧失，全国沙化土地面积 1.72 亿公顷，水土流失面积 2.74 亿公顷。历史欠账多、问题积累多、现实矛盾多，生态环境承载力已经达到或接近上限，生态承载力和环境容量不足，整体保护、系统修复、综合治理、统筹生态保护修复面临较大压力。

党的十八大将生态文明建设纳入中国特色社会主义事业"五位一体"总体布局，"美丽中国"成为生态文明建设的远景目标。党的十八届三中全会通过的《中共中央关于全面深化改革若干重大问题的决定》提出，建立陆海统筹的生态系统保护修复和污染防治区域联动机制。《中共中央关于制定国民经济和社会发展第十三个五年规划的建议》中明确指出，要坚定走生产发展、生活富裕、生态良好的文明发展道路，为全球生态安全作出新贡献。

习近平总书记提出"山水林田湖草是一个生命共同体"的理念，强调："人的命脉在田，田的命脉在水，水的命脉在山，山的命脉在土，土的命脉在林和草""用途管制和生态修复必须遵循自然规律""对山水林田湖进行统一保护、统一修复是十分必要的"。党的十八届五中全会提出"筑牢生态安全屏障，坚持保护优先、自然恢复为主，实施山水林田湖生态保护和修复工程"，筑牢生态安全屏障。

2016 年，财政部、国土资源部、环境保护部三部门联合印发了《关于推进山水林田湖生态保护修复工作的通知》，明确提出实施山水林田湖生态系统修复要求，整合财政资金推进山水林田湖生态修复工程，开展山水林田湖生态保护修复工程试点。

党的十九届四中全会强调，要健全生态保护和修复制度，明确提出统筹山水林田湖草一体化保护和修复，实行最严格的生态环境保护制度，系统性推进生态环境的整体保护、系统修复以及综合治理，不仅为解决生态环境问题提供了重要方法途径，与区域可持续发展、精准脱贫、乡村振兴有机结合，也为城乡绿色发展提供了重要推动力，向实现美丽中国目标方向挺进。

二、全国"双重"规划与退化森林景观恢复

随着我国进入决胜全面建成小康社会、全面建设社会主义现代化强国的新时代，"应对生态环境突出问题，优化提升生态保护和修复时空格局，统筹经济、生态和社会价值等多目标协同"成了我国的一项重要目标。为了实现国土空间管控目标，国家在政策、机制和管理等层面，开展了系列工作推动。

2016—2019 年，国家先后分三批在全国 24 个省（自治区、直辖市）选取了 25 个国家生态功能重要区域，开展山水林田湖生态保护修复工程试点工作（后统一更名为山水林田湖草生态保护修复），推进生态保护修复工程。

根据《全国主体功能区规划》《全国生态功能区划》以及国家重大战略布局，包括青藏高原、西南喀斯特石漠化地区、西北干旱沙漠化地区、内陆河山地—绿洲—荒漠过渡带、东北农牧交错带、三江源地区、黄土高原、南方丘陵山区、冰冻圈等典型生态脆弱区以及京津冀协同发展区、长江经济带、粤港澳大湾区等国家优化开发区域是山水林田湖草生态保护与修复工程重点区域。

"实施重要生态系统保护和修复重大工程，优化生态安全屏障体系"被列为落实党的十九大报告重要改革举措。2020 年 5 月发布的《全国重要生态系统保护和修复重大工程总体规划（2021—2035 年）》明确提出"国土空间规划体系充分衔接"和"统筹山水林田湖草一体化保护和修复的总体布局、重点任务、重大工程和政策举措"，是当前和今后一段时期试验区重要生态系统保护和修复重大工程的指导性规划，是落实实施重大工程建设的主要依据。

全球森林大面积的破坏、退化导致森林生境破碎化、生产力下降，并产生了贫困和社会冲突等一系列问题，传统森林恢复方法在多目标实现有一定的局限性。1996 年，世界自然基金会（WWF）和世界自然保护联盟（IUCN）发起

了"生命之林（Forest for Life）"项目，提出恢复森林的明确目标，这是森林景观恢复倡议的起点；1999 年，世界自然基金会（WWF）和世界自然保护联盟（IUCN）建立了森林更新计划；2001 年，提出了森林景观恢复的概念：森林景观恢复是旨在恢复伐后森林景观或退化森林景观的生态完整性，并提高人类福祉的过程。

森林景观恢复是阻止区域土壤、农业区、森林和流域退化，从而重新获得区域生态功能的方法和过程，满足当前和未来的需求，并随着时间的推移提供多种效益，满足长期的人类福祉。森林景观恢复涉及大型连片的退化或破碎化林地，形成不同土地利用形式斑块镶嵌化景观，如农林复合、休耕、生态廊道、离散的森林和林地、河湖护岸林等斑块。综合以上，森林景观恢复的内涵旨在恢复退化土地的生态完整性，提高其生产力和经济价值；通过建立互补的土地利用镶嵌体景观，而不仅是各成分的简单相加，从而实现更加广泛、更加多样化的景观目标。

山水林田湖草系统保护修复工程主要选择在影响国家生态安全格局的核心区域、关系民族永续发展的重点区域，以及生态系统受损严重、开展治理修复最迫切的关键区域，按照"山水林田湖草生命共同体"理念，尤其在一些欠发达地区、人类活动密集地区，针对具有典型性、重要性的生态系统，平衡和整合自然恢复与人工干预，生态经济效益协同，整合山水林田湖草等景观单元生态系统要素的整体修复。

森林景观恢复关注于满足长期人类福祉需求，保障国家生态安全以及区域社会经济发展，为贫困区域扶贫脱困提供经济技术模式。森林景观恢复符合山水林田湖草生命共同体理念及生态保护修复目标，为山水林田湖草生态保护修复工作提供一些框架参考和借鉴模式。

森林景观恢复关注重点包括以下内容：①在景观层面进行的，可以在相互冲突的利益之间进行平衡。②当地利益相关方积极参与解决方案的决策、协作和实施。③恢复策略具有前瞻性，适合当地情况，并随着时间的推移进行适应性管理。④景观功能得以恢复和管理，可以提供一整套生态系统产品和服务。⑤考虑从自然更新到植树一系列广泛的恢复策略。

森林景观恢复和山水林田湖草生态保护修复工作一致性表现在以下方面：①流域性。森林景观恢复空间界定，涉及区域、景观及生态系统等多尺度。②综合性。采取保护保育、自然恢复、辅助再生或生态重建等多层次、多目标和多部门的综合性森林景观恢复技术模式。③生态性。地域重点生态功能区划主导规划方向，形成遵从典型地域生态功能的森林景观恢复方案。④导向性。以问题导向和目标导向制定生态保护修复措施。⑤系统性。突出并强化重点区域，统筹合理规划山水林田湖草生态要素、空间格局及其生态功能目标。⑥参与性。规划方案多部门协商与参与，尽可能增加当地利益相关者的福祉。

三、国家山水林田湖草沙生态保护修复工程要求

"山水林田湖草生命共同体"可以提供水源涵养、防风固沙、土壤保持、生物多样性保护、污染净化、固碳等生态服务。山水林田湖草沙生态保护修复工作，需要根据区域空间对象、受损程度和演变阶段的差异，综合考虑社会、经济、生态环境等需求目标，从单一要素管理到多要素综合统筹及区域整体性保护修复方案，以实现区域生态系统服务功能综合提升目标。

山水林田湖草沙一体化保护和修复，需要在全面分析区域自然生态系统状况及主要问题、与国土空间规划体系充分衔接的基础上，统筹考虑生态系统的完整性、地理单元的连续性和经济社会发展的可持续性，研究提出近期和中远期森林、草原、荒漠、河流、湖泊、湿地等自然生态系统保护和修复工作的主要目标，以及统筹山水林田湖草沙一体化保护和修复的总体布局、重点任务、重大工程和政策举措。

山水林田湖草生态保护和修复工程是一项整体性、系统性、复杂性和长期性工作，需要融合行政区划、部门管理、行业管理和生态要素，统筹考虑生态系统整体保护、综合治理、系统修复，因地制宜推进项目实施路径。由于过去各类部门条块分割的管理模式，各类规划、工程、资金和项目容易形成相互交叉和重叠，生态保护和修复系统性和整体性不足，需要转变重大生态保护修复工程治理思路和组织形式，通过多部门参与式合作，利益相关者共同参与制定

技术上最合适、经济上可行、社会上可接受的、统筹山水林田湖草沙等要素的森林景观恢复方案，即《森林景观恢复规划》（简称规划）。

四、国有林场 GEF 项目

由于不可持续的森林管理或土地利用方式改变，形成了各种破碎化的和退化的森林景观，导致生态系统服务功能下降。国家为了减少土地退化、保护生物多样性以及积极适应气候变化，关注并转向提高人工林的森林质量、恢复和增强其生态功能，在景观尺度通过多种措施和多利益方合作以恢复森林的生态功能和扩大森林生态系统服务的社会效益，以便支持未来更长期和更广泛的恢复措施。

森林景观恢复是参与式的合作过程，利益相关者共同参与制定技术上最合适、经济上可行和社会上可接受的景观恢复方案。需要融合行政区划、部门管理、行业管理和生态要素，统筹考虑生态系统整体保护、综合治理、系统修复，因地制宜推进项目实施路径，以实现区域生态系统服务功能整体和综合提升目标。

与国家优先战略保持一致，选择典型性和代表性的规划试点区域，在中国西南、东南和华北地区选择森林景观恢复项目试点，由于区域退化森林受损程度和演变阶段差异，社会、经济和生态环境等需求目标分异，从单一林分要素管理到多生态要素综合统筹，需要提出多要素时空维度，以及整体性和系统性的退化森林景观恢复方案，建立支持未来更长期、更广泛的恢复方案及措施，实现从项目试点区域到全球范围内的共享。

国有林场 GEF 项目选择贵州省毕节市（西南区）、河北省丰宁满族自治县（简称丰宁县，华北区）和江西省信丰县（东南区）3 个试点。

（一）生态功能分区

（1）贵州省毕节市：位于广西—贵州喀斯特地区，属于国家喀斯特石漠化防治生态功能区，岩溶地形地貌复杂，水土流失和石漠化程度严重。

（2）河北省丰宁县：位于承德市，是华北山区与内蒙古高原农牧交错带，属于脆弱生态区，易干旱，受游牧民过度放牧的影响较大。

（3）江西省信丰县：位于赣州市，处于赣江、东江的源头区，属于重要的水源涵养和水质净化功能区，是南方丘陵山地生态屏障组成部分和丘陵农业生态区。

（二）自然资源条件

（1）贵州省毕节市：中国西南地区喀斯特景观丘陵、山地和高原构成多样的地质和地形。亚热带常绿阔叶林，形成高度多样化和复杂植物区系，也是天麻、核桃、茶、油菜、竹笋和许多草药等产品种植基地。森林资源多为生态公益林，部分商品林适度经营和开发。

（2）河北省丰宁县：内蒙古中北部边界的坝上草原，位于半干旱草原气候地带。主要植被是松树林、落叶松林、桦树林等类型，主要林种为防护林、用材林和经济林，还有许多野生食用和药用植物以及珍贵的蘑菇（牛肝菌、灵芝等）。

（3）江西省信丰县：东江源区属亚热带季风气候，具有较高的森林覆盖率。地形地貌为丘陵，自然资源包括稀土和果园大面积种植生产的脐橙。天然林由常绿阔叶树种组成，从荒地到灌木/矮林、针叶林和阔叶混交林，以及常绿阔叶林，退化森林恢复具有重要意义。

（三）社会经济背景

（1）贵州省毕节市是个多民族聚居地区，有彝族、苗族和回族，以及其他46个民族。

（2）河北省丰宁县等在内的若干县是"满族自治县"。

（3）江西省信丰县稀土资源丰富，也是脐橙种植大县。

贵州省毕节市位于贵州石漠化地区和与云南集中连片贫困地区接壤的西部山区。河北省丰宁县位于河北北部与内蒙古交界的燕山—太行山区，以及江西省信丰县位于江西省南部的罗霄山区，都有通过退化森林景观恢复项目以改善和发展特色产业以提高当地农村经济收入的需求。

（四）项目实施目标

与国家区域生态恢复优先战略保持一致，通过国有林场 GEF 项目实施，实现以下目标：

（1）提高国家和区域林业部门的综合规划能力，提出退化森林恢复规划，以便落实国家"双重"规划，包括如"山水林田湖草沙生态保护修复工程"项目。

（2）提高地方机构对退化森林恢复的能力，提升生态系统服务，包括固碳、防止侵蚀、水资源保护等。

（3）确立与当地利益相关方的沟通反馈机制，以确保退化森林景观恢复有关生计的优先事项和重点事项得以关注和解决。

基于森林景观恢复理念，结合山水林田湖草综合治理，为试点区域的生态系统综合治理提供规划建议。统筹山水林田湖草系统治理，以自然修复为主，与人工修复相结合，按照系统论进行综合治理，为自然资本增值，全面提升生态系统服务功能，维护山水林田湖草生命共同体。

第二章

规 划 概 要

一、规 划 目 标

山水林田湖草沙等要素之间存在物质、能量的流动与交换，形成普遍联系、相互影响、彼此制约、不可分割的异质性景观生态系统整体。退化森林景观的结构复杂性、功能多样性等方面存在较大差异，包括水源涵养、土壤保持、防风固沙、生物多样性保护等，需要因地制宜结合供给与需求，做好总体的协调与权衡。

规划突出对国家重大战略的生态支撑，落实国家重大生态系统修复规划，以国土空间用途管制为基础，统筹考虑生态系统的完整性、地理单元的连续性和经济社会发展的可持续性，提出统筹山水林田湖草一体化保护和修复的总体布局、重点任务、重大工程和政策举措，提高国家和区域森林生态保护修复的综合能力，增强和提升中国森林的物质产品和生态系统服务功能。

规划实现森林景观恢复"双重过滤器"目标，即恢复生态完整性和提高居民福利，基于分析评估区域森林退化程度、原因、森林恢复的必要性与可行性，以生物多样性保护、栖息地、水土保持、水源涵养、水污染控制、重要水源地保护等多项主导功能目标需求，提出退化森林景观恢复的目标设置、规划原则、技术热点、重点和优先区位，提出森林景观恢复的方向、措施和方案。

规划从全局出发统筹兼顾、综合施策、整体推进，探索构建全新的生态保护修复技术体系、技术规范和管理模式创新，建立顶层设计的多部门协同、多层次和跨区域协调和信息共享机制，建立目标统一、任务衔接、纵向贯通、横向融合的管理机制，提出全方位、全地域、全系统的一体化保护、修复和区域生态管控模式。建立利益相关方的沟通反馈机制，以确保优先事项和重点事项得以关注和解决。

二、总体要求

我国地域辽阔，自然生态环境条件和经济社会发展状况存在区域差异，《规划》需要以构建健康稳定的自然生态系统为目标，因地制宜确定和落实区域生态保护修复的重要分区、优先分区、实施方案和工程措施；需要以自然生态环境状况和以问题为导向，基于区域生态风险、生态重要性、脆弱性、稳定性和生态功能状况等评价结果，根据自然资源禀赋和生态区位，提出具有针对性和有效性的规划内容。

规划需要通过评估恢复潜力评估，综合统筹考虑采取保护、恢复、修复和重建等途径及精准施策，采取乔灌草结合等工程措施，合理配置林草植被，提高生态系统自我修复能力，增强生态系统稳定性，优化山水林田湖草沙等要素空间配置和结构，促进自然生态系统质量的整体改善和生态产品供给能力的全面提升。

流域作为重要的自然地理单元，其组成的山水林田湖草各要素具有"牵一发动全身"特点，这就需要整体评估流域系统生态环境风险，通过流域的层级关系逐级规划，增强上游下游、干流支流、坡上坡下治理的协同性，最大限度地保持生态系统的完整性和自然地理单元要素空间的连续性，可以将流域作为规划单元。

规划还需要因地制宜地发展特色经济林、林下经济、森林生态产品等特色产业，建立起适宜的生态经济发展模式，推进林草资源可持续利用、带动农民增收致富、支撑区域经济发展，走出一条生产、生活、生态"三生共赢"的绿色发展之路。

（一）规划总则

1. 指导思想

以党中央生态文明建设和山水林田湖草生命共同体为指导，遵循国土空间管控规划，围绕区域主体功能区定位，以面向生态系统问题和面向森林景观恢复目标为导向，统筹山水林田湖草沙一体化的生态保护修复为主线，科学布局和谋划退化森林景观恢复重要区域、重点工程及主要措施方案，提高生态产品供给能力，提升生态系统质量和稳定性，筑牢国家生态安全屏障。

2. 规划依据

（1）法律法规。

《中华人民共和国水土保持法》（2010 年修订）；

《中华人民共和国森林法》（2019 年修订）；

《中华人民共和国森林法实施条例》（2016 年修订）；

《中华人民共和国水污染防治法》（2017 年修订）；

《中华人民共和国自然保护区条例》（2017 年修订）；

《中华人民共和国城乡规划法》（2019 年修订）；

《中华人民共和国土地管理法》（2019 年修订）；

《中华人民共和国矿产资源法》（2009 年修订）。

（2）政策文件。

《中共中央办公厅、国务院办公厅印发〈关于划定并严守生态保护红线的若干意见〉的通知》；

《中共中央办公厅、国务院办公厅印发〈关于建立以国家公园为主体的自然保护地体系的指导意见〉的通知》。

（3）相关规划。

《国务院关于印发全国主体功能区规划的通知》；

《关于印发全国生态功能区划（修编版）的公告》；

《全国重要生态系统保护和修复重大工程总体规划（2021—2035 年）》；

《全国水土保持规划（2015—2030 年）》。

（4）规程规范。

《森林抚育规程》（GB/T 15781—2015）；

《生态公益林建设技术规程》（GB/T 18337.3—2001）；

《造林技术规程》（GB/T 15776—2016）；

《低效林改造技术规程》（LY/T 1690—2017）；

《防护林体系规划技术规程》（LY/T 2827—2017）；

《山水林田湖草生态保护修复工程指南（试行）》

《矿山生态环境保护与恢复治理技术规范》（HJ 651—2013）。

3. 规划原则

（1）流域性。流域体现了山水林田湖草沙各要素之间地理空间和生态过程关系，涉及区域、景观及生态系统等多尺度，规划以流域为空间布局单元，以典型代表性流域为单元，规划方案可复制、示范和推广。

（2）综合性。山水林田湖草沙生态保护修复采取综合保护修复措施治理生态问题。对各类型生态保护修复单元分别采取保护保育、自然恢复、辅助再生或生态重建等多层次、多目标和多部门的综合性退化森林景观恢复的技术模式。

（3）生态性。地域重点生态功能区划主导规划方向。基于生活、生产和生态空间功能区划，采用自然恢复与人工修复相结合，生物修复与工程修复相结合的措施，形成典型地域综合生态服务功能提升的山水林田湖草沙生态恢复方案。

（4）导向性。以问题导向和目标导向制定生态保护修复措施。问题导向主要是分析识别生态环境问题及其关联性，诊断自然生态系统受损情况及影响因素。目标导向基于区域生态功能定位、生态现状，参照生态系统属性和限制性因素，设定修复总体目标和阶段目标，提出具体保护修复指标。

（5）系统性。统筹山水林田湖草沙各生态系统要素、空间格局和生态功能之间关系。以江河湖流域、山体山脉等相对完整的自然地理单元为基础，突出并强化重点区域，统筹合理规划山水林田湖草生态要素保护修复的空间格局及生态服务功能目标。

（6）参与性。规划方案多部门协商与参与。以林为主的山水林田湖草沙生态保护修复需要尊重多主体利益相关者、多部门的目标要求，纳入总体规划内容、组织和决策框架，尽可能增加当地利益相关者的福祉。

4. 规划范围

一般以市（县）行政区划国土空间。

5. 规划期限

一般以《全国重要生态系统保护和修复重大工程总体规划（2021—2035

年）》为规划实施期限依据。

（二）目标定位

1. 规划目标

衔接国土空间管控、落实全国重要生态系统保护和修复重大工程总体规划，探索建立规划的组织实施方式、技术框架、规划大纲和具体方案。

针对生态系统保护与治理中的重点和难点问题，提出以林为主的山水林田湖草沙系统性的生态保护修复空间布局、重要区域、优先区域、主要方向和主要修复措施方案。

围绕市（县）地域功能区划，就湿地、林地、水源地、重点江河湖库、生物多样性等提出保护修复目标，设定多层次的生态保护修复指标。

2. 基本任务

以林为主的山水林田湖草沙生态保护修复具有涵盖要素多、覆盖范围广、系统性强、时间跨度大等特点，需要全面总结探索借鉴生态保护修复的模式、技术、制度和成效的经验和教训，提出市（县）生态重要区和脆弱区生态保护修复目标，水土流失控制、废弃矿山修复、退化森林（草地）恢复、石漠化治理、生物多样性保护等方向的量化指标。

3. 功能定位

基于生态保护修复是特定阶段、特定区域的生物多样性、生态系统结构、过程和功能修复的综合要求，考虑自然生态系统和社会经济文化等因素，依托省、市（县）国土空间管控、生态环境问题和生态功能目标定位，针对生态重要区、生态脆弱区和生态经济区等重点功能空间提出保护修复区划及恢复方向，建立"点""线""面"和"多维空间"整合的、动态的和多层次的生态修复方案和措施。

4. 编制体系

以市（县）地域重点功能区为规划评估单元，选择主导功能类型典型流域，以生态系统类型为景观单元要素，建立"地域"型和"要素"型结合的生态保护修复编制体系。

（1）地域划定：针对生态功能重要区域、生态环境敏感脆弱区域和人为干扰较为强烈的区域。

（2）要素配置：根据保护修复对象和主要目标，建立山水林田湖草等景观单元配置结构、技术措施及设计方案（案例）。

（三）规划方法

山水林田湖草沙等要素之间存在相互作用，当外界压力超出其生态阈值，可能引发森林生态系统发生不可逆的非线性退化。基于规划区域的功能分区，确定主导功能类型，包括水源涵养区、防风固沙区、生物多样性保护区、水土保持区和开发利用区等，明确设置功能分区多目标，分析生态修复模式与路径，统筹兼顾循序渐进地形成多层次、立体化的、多方参与的退化森林景观的生态修复系统工程。

规划涉及具体行政分区和生态空间多尺度特征，包括国家、省级和市（县）级等行政分区。生态空间层次包括流域、地区和区域等水平。将国家、省和市（县）等分区的多尺度生态功能区保护修复融合和协同，将生态骨架、生态网络和生态节点联结为系统，实现整体性的保护修复。

规划基于整体考虑区域性、流域性、生态重要区、敏感区和脆弱区，衔接主体生态功能区规划，明晰工作目标及路径，甄别关键生态问题、布局重点区域、修复方向及措施。具体规划方法如下：

1. 建立规划数据及分析基础

通过多部门协作、数据共享、统一数据源的组织机制，建立规划基本数据的采集、记录、更新、补充和修正等工作机制，形成覆盖全要素的、一体化的山水林田湖草沙组成要素的数量、质量、结构、功能、地理特征等基本状况，并对生态系统结构、生态过程、生态功能、生物多样性的整体格局和局部区域的健康程度诊断，划分生态系统的敏感性和脆弱性等级，评估抗干扰能力和自我恢复能力。

2. 确定规划目标和关键环节

规划需要统筹生态功能区划、关键问题识别诊断、重要区域和修复途径等恢复潜力评估等关键环节，主要在以下几个方面进行落实和体现：

（1）生态功能区划明确生态保护和修复的重点区域，细化生态屏障和生态带的生态安全格局，为国土空间生态修复提供总体布局指引。

（2）山水林田湖草沙等要素空间布局、关键生态问题识别及重要功能分区，因地制宜确定生态保护修复途径、恢复方式和山水林田湖草沙各要素的空间配置模式。

（3）通过恢复潜力评估，设置生态经济社会目标，优化退化森林景观恢复空间格局，提供优质生态产品和提升区域民生福祉。

3. 对接国家重要生态功能区

国家山水林田湖草沙一体化保护与修复工程以"三区四带"为骨架，覆盖了青藏高原生态屏障、黄土高原—川滇生态屏障、东北森林带、北方防沙带和南方丘陵山地带，以及大江大河重要水系。基于国家重要生态区划，省、市（县）侧重于落实生态保护修复的重点区域、关键区域及优先区域的规划布局、工程项目和实施方案。

山水林田湖草沙生态修复应以事关国家和区域生态安全的生态敏感区、国家战略和区域倡议的生态修复为主体，宏观层面上下联动谋划山水林田湖草沙生态修复的系统布局和整体格局。基于区域突出的生态环境问题，结合区域的自然条件、社会经济状况等整体特征和相关专业规划，准确识别需要重点保护和优先修复的区域范围和关键环节。统筹考虑各类生态要素和各项修复措施，以维护和提升区域整体生态系统功能为目标，形成部门间的统一协同联动修复目标，制定区域生态修复的主要内容和绩效相关标准。

4. 多部门利益相关方参与

规划将林业、农业、自然资源、生态环境、水利水务和发展改革等部门等联系在一起，修复措施与原则从单向单项的工程建设到系统生态修复，从"生态系统"修复单目标向"社会—生态系统"修复多目标发展。

以林为主的山水林田湖草沙生态保护修复，建立跨部门协调、国有林场及相关社区参与机制，并通过上一级发挥协调作用的机构执行跨部门协调，相关职能部门和利益相关者将共同制定整体计划和方案，基于划定生态红线和合理功能区划，与当地生态保护修复专项规划和计划建立连接，并协调"三生"空间，从工程优先，到以自然修复为主，与人工修复相结合的基本方案，划定生态保护修复范围，分级分类明确保护修复方式、途径和范围。

5. 恢复潜力评估方法

恢复潜力评估方法提供一个灵活的使用框架，以帮助识别恢复优先区域及其所恢复潜力，基于系列数据分析和多部门合作，确定评估区域恢复最佳方案和措施清单。该方法需要系统分析考虑社会、经济和生态等方面可行性问题，包括在哪些区域开展景观恢复、恢复潜力、可行的干预措施及相关的成本和收益等。恢复干预措施的利益相关方合作、政策、财政和社会激励措施支撑条件，协调解决潜在的土地利用冲突，制定确实可行的行动计划。

景观恢复潜力评估方法通常涉及三个工作阶段：

阶段 1：准备和筹划。步骤：①确定问题和景观恢复目标；②吸引关键合作伙伴；③确定评估成果和规模；④划分评估区域及单元；⑤明确潜在景观恢复方案选择；⑥明确评估准则和指标；⑦数据和能力需求、利益相关方方参与等筹备工作。

阶段 2：数据收集和分析（图 2-1）。步骤：①数据收集，收集相关数据、问卷调查、地图、文献，审查关键恢复措施和估算成本效益；②景观恢复潜力图的制作，知识图谱法空间分析、划分多边形区域、确定恢复措施和审查修订评估结果；③景观恢复干预措施的经济建模和价值评估；④景观恢复干预措施的碳成本效益建模；⑤景观恢复干预措施关键成功因素的诊断及融资分析。

阶段 3：结果与建议。包括结果验证、地方政府反馈、资金方案实施的建议。

①森林景观恢复方案制定，应用恢复潜力评估方法制定森林景观恢复方案的过程，使多利益相关方人员实际参与了评估过程，通过讨论和协商，以恢复目标为导向统筹各类生态要素的保护和恢复，有效地整合资源，确定具体的保护修复干预措施。②基于当地生态保护修复计划识别恢复潜力与风险评估，结合生态技术专业知识、情境分析，形成全方位、立体化的生态修复格局，有针

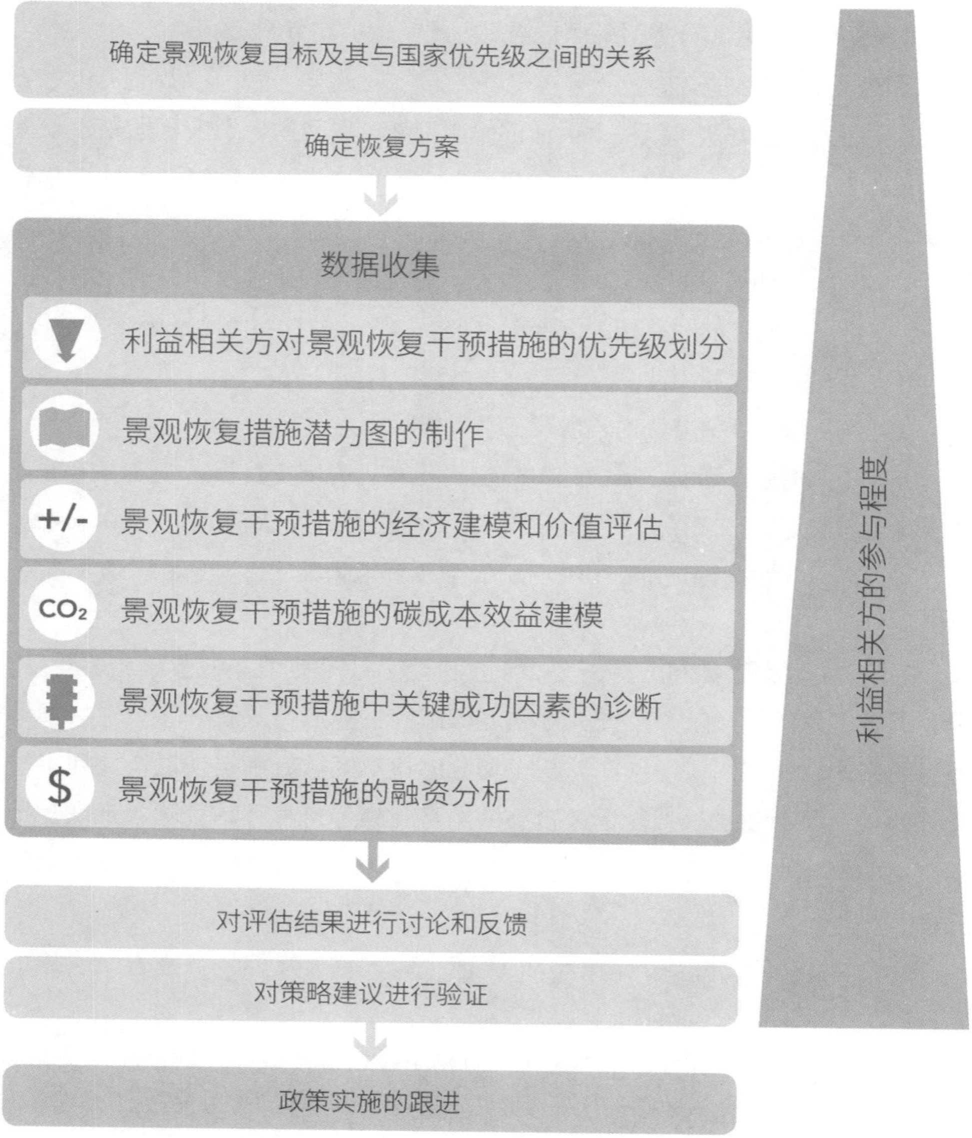

确定景观恢复目标及其与国家优先级之间的关系

确定恢复方案

数据收集

利益相关方对景观恢复干预措施的优先级划分

景观恢复措施潜力图的制作

+/- 景观恢复干预措施的经济建模和价值评估

CO₂ 景观恢复干预措施的碳成本效益建模

景观恢复干预措施中关键成功因素的诊断

$ 景观恢复干预措施的融资分析

对评估结果进行讨论和反馈

对策略建议进行验证

政策实施的跟进

利益相关方的参与程度

图 2-1　典型景观恢复方法评估的关键步骤

对性地对退化生态系统采取多层次、综合修复和保护，更加符合当地情况和相关利益方（跨部门）需求，提升规划的针对性、可行性和决策支持能力，增强生态系统结构和功能的完整性和稳定性。

6. 基于自然的解决方案

基于自然的解决方案定义为"保护、可持续利用和修复自然的或被改变的生态系统的行动，从而有效地和适应性地应对当今社会面临的挑战，同时提供人类福祉和生物多样性"。应对的社会挑战包括水资源安全、食物安全、人类健康、防灾减灾和气候变化等。

由一系列的方法体系组成基于自然的解决方案，包括生态系统恢复方法、针对特定问题的生态系统相关方法、基础设施相关方法、基于生态系统的管理方法和生态系统保护方法。其中，生态系统恢复方法，包括保护、修复、重建的三重维度和途径，作为生态恢复、生态工程和森林景观恢复相关工具应用于中国生态保护修复工作中。

山水林田湖草沙生态保护修复将生态系统功能提升、生态空间格局优化、生物多样性保护作为主要目标。《基于自然的解决方案全球标准》以及《基于自然的解决方案全球标准应用指南》，明确提出"社会—经济—自然"复合生态系统的弹性是保护修复的关键目标，通过干预措施应对社会挑战、提供人类福祉和生物多样性，在大尺度上发挥方法的潜力和作用。

第三章

规划重点工作与内容

一、重点工作

规划落实国土空间生态管控的实施方案。以主体功能区、生态功能区和重点生态功能区生态保护恢复需求目标，以行政区内流域为空间管控单元、修复方向及其措施类型范围为实施单元，全区域整体提出系统保护、上下联动、要素协同、整体推进、重点突出、分步实施的指导性工作方案。

按照问题导向和目标导向，明确生态保护修复空间格局，采取自然恢复与人工修复相结合，衔接多部门专项规划，打破行政藩篱、部门分割，建立统筹山水林田湖草沙等生态要素协同治理机制，重点解决生态保护修复的流域性、综合性、生态性、经济性、导向性和系统性，因地制宜提出生态保护、恢复、修复、重建和开发利用等多项措施，形成多目标融合的系统生态修复纲领性实施方案。

统筹考虑区域受损生态系统及重要生态系统的空间分布特征，以江湖流域、山体山脉完整为原则划定生态修复单元，有效整合多个要素修复方向和具体措施，充分发掘和提高方案的综合和叠加效益，增强方案的整体性、系统性和连通性作用，探索省、市（县、区）总体指导、落实责任分工和有效联动工作推动机制和协同共治的有效途径。

（一）规划组织实施

1. 工作组

由国家、省级和市（县）级有关部门共同组建规划领导小组和工作组，统筹、协调、安排和推进规划项目实施计划，安排组织制定国家及省专家工作任务及内容，负责指导和组织规划工作的准备、调研、培训、咨询、编制及评审等。工作组负责工作分工、制定时间表，分解与落实具体任务。

2. 多部门参与

省项目办、市（县）行业部门，涉及林业、自然资源、农业、水利及环境保护等，主要工作内容：

（1）资料与数据收集：包括自然资源、环境质量和生态状况等资料及基础数据。森林资源数据，主要包括森林资源连续清查、森林资源规划设计调查、第三次全国国土调查、国土空间的上位规划及专项规划。

（2）咨询培训研讨：组织试点区域相关行业部门对森林景观恢复的专题咨询和研讨，并开展森林景观恢复理念、山水林田湖草沙生态保护修复工作指南和恢复潜力评估工具包等技术培训和项目宣传，为规划提供多部门和多利益方的建议、恢复方向、恢复优先选项、具体措施及实施方案。

（3）计划执行：组织开展多次实地调研，全面了解试点地区基本情况，明确了水源涵养、防风固沙、生物多样性保护、康养游憩等生态功能定位，提出森林生态系统服务功能显著提升的目标。按照"多规合一"以及山水林田湖草沙综合治理的思路，建立跨部门、多相关方沟通机制，分析评估国土生态空间规划数据，提出景观复潜力评估（ROAM）相关工作流程，形成规划编制方案、时间表和路线图。

（4）规划咨询：包括省、市（县）对规划工作的目标、内容及方案等的意见与建议；明确项目和省、市（县）工作衔接与目标设置。

综合多行业部门、专家经验、本地居民接受度等，为保护修复措施制定多选方案，分析评估方案的技术、经济、社会可行性，并择优选择具体措施，避免人工干预措施、成本过高等问题，符合低成本修复、低成本管护、可持续利用等要求。

3. 项目专家

国际及国家专家：包括森林景观恢复国际专家、景观恢复潜力方法国际专家、森林景观恢复国内专家和山水林田湖草沙规划专家。主要负责以林为主的山水林田湖草规划培训、调研及成果编制，开发山水林田湖草沙规划工具包和撰写专题报告，并为规划提供咨询意见和建议。

省专家：配合项目办，组织协调项目参与各方的相关咨询、调查、研讨技术培训、宣传等，密切配合国家级专家，协助完成市（县）规划，完成省有关任务。

项目专家合作共同完成规划，各自提供规划所需要的专业技术支撑。如恢复潜力评估方法、地理信息系统空间分析与规划、景观恢复规划方案与制图。

（1）技术指导与支撑：规划技术支撑、培训教材与工具包技术方案执行。

（2）方案编制咨询：包括问题分析、恢复区域、恢复方向及目标设置等。

（3）规划报告编制：根据任务分工，负责相关技术方案及编制技术内容。

（4）工具包开发：建立山水林田湖草沙景观恢复潜力评估大纲和国土空间规划技术规范等相结合的规划工具包，并就工具包应用提供技术指导。

（二）调研工作内容

1. 资料数据

山水林田湖草规划所需的基础数据包括自然资源、生态环境和生态功能三大类，三类数据范围尺度均以市（县）级行政区为单位，数据尽量以电子文档形式提供给规划项目组共享（表3-1）。

表3-1　规划编制数据需求清单

数据类型		数据名称	数据要求	重要性
资源类	林业	全国森林资源连续清查数据	空间数据库 shp 格式	重要
		森林资源规划设计调查数据	空间数据库 shp 格式、报告	重要
		"十三五"林业发展规划	文本、报告	
		林业区划	空间数据库 shp 格式、报告	重要
	土地	第三次全国国土调查数据	空间数据库 shp 格式	重要
		基本农田控制线	空间数据库 shp 格式	重要
		土壤数据库	空间数据库 shp 格式带属性	
	水资源	水资源综合规划	—	
		水资源流域分区图	四级流域	
环境类		各控制单元地表水资源数据	—	
		地质灾害易发区数据	不低于 1∶5 万	重要
生态类		生态红线	空间数据库 shp 格式	重要
		生态区划数据（省、市、县）	空间数据库 shp 格式	重要

续表

数据类型	数据名称	数据要求	重要性
生态类	沙漠化、石漠化等生态退化区域和强度分级数据	空间数据库 shp 格式	重要
	一级、二级水源涵养区分布	空间数据库 shp 格式	重要
基础底图类	遥感影像数据	优于 2 米或航拍	
	行政区划数据		
	地形图	1∶1 万	重要

规划要求提供自然资源生态环境等基础数据，通过生态环境整体性空间分析，开展评估区域、规划分区和实施工程部署图与相关规划布局空间叠置分析，强化规划空间布局分析，体现整体保护、系统修复、区域统筹和综合战略部署。

2. 培训调研咨询

（1）实地调研：根据规划编制工作计划进程，国家级专家开展实地调研。

（2）基础数据处理：规划区空间基础地理数据处理。地形图基于地理信息系统平台，统一全国森林资源连续清查数据、森林资源规划设计调查、第三次全国国土调查、生态红线、基本农田控制线空间数据的数据变换、统一投影和坐标系。

（3）技术交流：项目组的地理信息系统专家、景观恢复潜力评估专家、退化森林恢复专家通过技术培训交流会议，掌握了解试点区部门对规划实施的主要技术的掌握。

（4）规划分区：根据规划区上位规划和生态、林业相关区划，以及森林资源规划设计调查和其他数据，进行以林为主的山水林田湖草沙生态保护修复分区。

（5）关键问题识别：参考生态功能区划和现有的山水林田湖草沙现状，识别分区（片区、恢复区）内突出的生态环境问题，同时确定适宜恢复区、优先区域等。

（6）恢复方向和措施：通过恢复适宜性和潜力分析，多部门座谈，确定森林景观恢复方向。

（7）景观恢复目标设置：根据重要功能区布局及多选项措施设置景观恢复

目标。如森林覆盖率、土壤侵蚀、石漠化修复、水质保护、生物多样性保育、生态廊道、河流缓冲带等。

（三）编制工作流程

规划编制工作流程是国家项目办监督指导及规划工作组负责制定和组织实施，确定规划编制工作方案，明确规划编制工作思路、专题设置与任务分工等关键内容。现场调查、调研、咨询、技术培训都是规划工作组参与人员全部参加。主要工作流程见表3-2。

表3-2 以林为主山水林田湖草沙规划编制工作流程

阶段	内容	负责人员	形式
规划预备	规划定位、规划大纲及工作计划、规划编制方案咨询、工作实施方案、培训计划	项目办、咨询专家、规划专家	研讨会
规划大纲、实施方案研讨	规划编制需要数据和资料、规划大纲征求意见、确定规划大纲、规划实施计划	项目办、规划专家	研讨会
数据准备	试点区基础数据收集	省项目办、省专家	提交到项目办
规划编制	① 规划专题培训：GIS空间数据处理及制图、森林景观恢复概论及其在中国的应用；② 与参与规划相关部门对接商讨及现场调研；③ 规划区基础资料汇编；④ 调研咨询商讨：规划分区、关键问题识别、恢复方向和措施	地理信息专家、景观恢复潜力评估专家、国家与省级项目办、专家、省专家、市（县）相关部门负责人	会议、网络直播培训，分享课件、调研、商谈、走访调查
规划咨询	① 规划成果初审、部门反馈与修改；② 修改成果咨询、修改与提交	项目办、国际及国家专家	咨询文件、部门意见反馈、会议汇报

1. 规划准备

理清规划思路，确定规划拟解决的主要问题、总体目标、重点任务。

2. 规划大纲

提出规划的指导原则、目标定位、基本任务、编制体系、总体框架、技术方案及其实施路线。

3. 实施方案

基于自然资源、林业、水利、生态环境保护等多部门参与和多利益方权衡，开展实地调研走访、景观空间分析、生态功能分析、专项规划成果融合、恢复潜力评估方法及相关咨询等提出以林为主的山水林田湖草沙生态要素的保护、修复和人为干预选项和技术措施体系。

4. 数据资料准备

以生态系统整体性为原则，划定生态保护修复分区，优化工程项目空间布局，实现区域生态环境协同共治的整体设计，在整体推进基础上，提出生态保护修复的重点区域、优先区位和实施范围分布建议。

5. 规划编制

分析各市（县）的生态保护修复需求目标，整体系统综合分析和梳理存在的主要和重大生态问题，初步形成问题清单，建立实施方案的总体空间布局、分区分布图和分析结果信息可视化。根据前期成果，理清编制总体思路、重点问题和关键环节，形成规划编制大纲。

按工作方案确定专题内容，分工开展专题研究，在完成调研情况总结梳理的基础上组织召开专家咨询会，研究解决调研发现的突出共性问题，并对存疑问题详细论证，形成专题研究报告，汇总整理各专题研究成果，汇总形成规划文本、图集初稿。

6. 规划咨询

开展实地调研、座谈和考察，依托相关职能部门和政府工作人员等形成跨部门利益相关方座谈及关键相关方访谈。分析林业和相关部门提供的相关数据，包括土地利用和行业专项规划，总结生态恢复经验。通过调查生态退化问题总结需要解决的关键问题及科学方法。

工作组征求各有关方面意见，规划编制结果反馈到相关部门，并进一步修改完善规划成果，开展规划专家咨询评审，并对规划修改完善，同时对技术工作进行报批。

二、主 要 内 容

（一）生态功能区划

市（县）地域重点功能区划包括水源涵养、水土保持、石漠化防治、矿山修复、生物多样性保护等单项或多项功能区的空间分布。

（二）关键问题识别

市（县）地域功能类型划分，识别并评估水土流失、森林（草）退化、石漠化、地质灾害和生物多样性破坏、生物栖息地丧失及利益相关者目标冲突等关键问题。

（三）恢复潜力评估

1. 生态状况

在景观尺度分析生态胁迫、生态系统质量、生态系统服务、生态系统景观格局等主要生态状况。

2. 森林质量

评估森林退化程度和生态功能，提出森林景观恢复空间区位、恢复潜力、目标需求和潜力。

3. 问题分析

通过生态问题及其关联性分析，确定以林为主的山水林田湖草沙生态保护与修复的关键要素。

市（县）地域的生态系统重要性和生态脆弱性等级指标评估，选择生态系统退化严重、生态产品供应及服务功能显著下降区域，诊断分析需要保护保育和修复治理的对象及其现状、关键生态问题，评估区域生态恢复潜力，提出预期的多层次恢复目标等。

（四）方案与措施

1. 重点区域

实地调研了解市（县）生态保护修复需求，提出包括水土流失、石漠化、矿山损毁土地和土地沙化等生态保护与修复的重点地段和优先区域（流域）。

2. 措施选项

综合恢复潜力评估和多利益相关方目标，参考受损森林景观历史状态或周边，综合提出一个或若干个恢复选项。

3. 方案目标

基于生态保护、修复、生态产业及利用等方向，综合制定相应的恢复模式，提出具体的生态系统要素类型、景观单元配置及空间模式结构。分别提出保护保育、自然恢复、辅助再生或生态重建等保护修复技术模式、分级及分段目标。

第四章

规 划 要 点

一、制定总体任务

落实《全国重要生态系统保护和修复重大工程总体规划（2021—2035年）》，从传统的面向自然的单目标生态修复转型到关注人地耦合和国土空间管控要求，制定区域的战略性、协调性、实施性和操作性相综合的退化森林景观恢复系统方案，提出退化森林景观恢复的总体格局、修复分区、重点区域、重点任务和重点工程空间布局。

二、确定方案途径

坚持统筹兼顾，突出重点难点。提升生态安全屏障体系质量，聚焦重点生态功能区、生态保护红线、自然保护地等重点区域，突出问题导向、目标导向。

（1）思路：从单点、单要素、单过程，走向全域、全要素、全过程协同治理。

（2）手段：从末端修复、结构调控，走向源头治理、过程耦合、空间整合集成。

（3）目标：从单个目标线性治理，走向社会、经济、生态多目标协同。

（4）实施：从区域自主治理，走向国家顶层设计。

三、合理规划定位

与国家国土空间规划体系总体框架衔接，按照五级（全国、省级、市、县、镇）三类（总体规划、详细规划和相关专项规划）四体系，规划是实现对上级国土空间规划要求的细化落实，是对本行政区域开发保护做出的具体安排，侧重生态保护与修复方案的专项规划。

四、充分衔接规划

以"双评价"（资源环境承载能力评价、国土空间开发适宜性评价）为基础，划定生态保护红线、永久基本农田、城镇开发边界等空间管制边界以及各类保护线，强化底线约束，坚持山水林田湖草沙生命共同体，突出地域特色。

规划强调与各部门专业规划和综合规划的对接、协调、综合和优化。与各部门、各行业相关规划包括生态保护红线、土地利用总体规划、水功能区划、水资源保护规划、流域环境保护规划、岩溶山区石漠化综合治理规划、环境保护规划、矿山地质环境治理规划、自然保护地和林业生态建设规划、水土保持规划和荒漠化治理规划，各项规划成果的吸收、有机衔接、系统整合和融合，使规划的问题针对性、技术合理性、经济可行性更强。

五、突出方案要点

（1）恢复目标：退化生态系统保护与修复，山水林田湖草沙一体化整体生态服务功能提升。

（2）修复对象：明确生态保护修复的主要任务。

（3）修复区位：山水林田湖草沙一体化生态系统修复项目空间布局的顶层设计。

（4）方案途径：生态保护修复的系统性、综合性，提出生态保护修复方向、布局及实施路径。

（5）修复任务：具体工程项目措施及规划指标分解落地，明确各节点的具体任务。

六、统筹规划体系

形成多要素、多方向、多途径、多措施的一体化和多部门多方参与协调的系统整合的规划体系。

（1）多要素：涉及景观单元山水林田湖草沙等生态要素。

（2）多方向：生态退化、景观破碎、栖息地受损、环境污染、土地损毁和人为活动影响。

（3）多途径：恢复方向的科学性、保护修复重建措施的综合性、生态经济社会效益的协调性、对接国家需求的战略性、生态系统服务的系统性和完整性。

（4）多措施：科学设计、连通耦合、整体保护、系统修复和综合治理，实现系统整合目标。

（5）多部门：涉及自然资源、生态环境、水利、林业、农业和财政等部门共同参与。

七、明确规划任务

规划将市域范围划分多个工程实施片区，明确其空间范围、主导生态功能、主要问题和保护修复任务。

（1）定位：统筹考虑全方位系统综合治理需求，优化工程项目的空间布局，逐一明确项目的具体空间区位。

（2）定量：收集整理相关基础数据和资料，实地调研和数据分析评估，确定各类建设内容、工程任务量、目标量。

（3）定资金：根据重点生态保护修复工程量及定额，概算各项工程项目的资金投入。

（4）定效：依据功能分区及工程总体目标及绩效指标，确定各项规划的具体绩效目标。

（5）定技术：借鉴吸收本地适宜生态修复治理技术，强化技术指导，探索适合本地实际又具有创新特色，可复制、可推广的生态修复治理模式。

（6）定目标：做好规划目标、任务、措施的生态功能分区（行政区）分解落实方案。

（7）定图：开展空间分析、生态评估，优化工程项目的空间布局，制定规划图集，展现区域层面山水林田湖草沙一体化统筹设计的总体思路，对比实施前后的预期效果。

（8）定机制：从各要素整体保护、系统修复、区域统筹、综合治理工作格局的角度出发，从恢复潜力评估、公众参与等方面梳理构建体制机制创新亮点。

八、修复区位选择

受限于资金、政策、人力、物力等因素，人类能够修复的区域是有限的，明确优先区是国土空间生态保护修复有序推进的重要环节。

区位选择优先考虑国家生态安全格局、主导功能区及生态功能区。考虑资源环境承载能力评价与问题诊断、生态修复费用成本，明确功能分区布局、划定生态保护修复区位。充分发挥生态自然修复能力，部署生态保护修复工程措施，构建生态保护修复管理机制。

九、科学分析评估

分析评估是指对试点区域生态状况、生态脆弱性、敏感性、退化程度和恢复潜力进行分析评估，以确定修复方向、路径和目标。首先，明确诊断山水林田湖草沙国土空间生态系统功能受损或退化病因，是生态修复基础和前提。其次，系统整合生态安全格局、生态网络、生态景观和生态要素的空间综合修复。结合生态环境状况与退化程度，修复途径存在差异，考虑多层级协同次优而非单层级最优的生态保护修复途径。

（1）重建：依靠大规模社会投入对受损或者退化严重的生态系统结构或功能恢复原状或重构。

（2）修复：在不破坏原有生态系统的情况下通过人为干预辅助生态系统结构或者功能修复。

（3）保护：通过约束人类活动让生态系统进行自然更新演替。

第五章

规 划 特 色

一、融合森林景观恢复和"山水林田湖草生命共同体"理念

"山水林田湖草生命共同体"理念强调区域各要素有机联系，流域是一个自然—社会—经济复合生态系统，各要素之间相互依存制约、权衡协同和有机联系。规划融合森林景观恢复和"山水林田湖草生命共同体"理念，应用森林景观恢复技术路线及工作框架，建立部门合作和联动机制，探索跨部门、跨行业、利益相关者和多学科参与的组织工作路径，统筹兼顾、整体施策、多措并举，全方位、全地域、全过程治理，建立社会经济效益与生态环境协同保护新机制，实现区域系统性、整体性和综合性的生态保护和修复目标，更好地实现"生命共同体"的协同效应和多目标预期。

二、区域生态规划中首次应用了恢复潜力评估方法

森林景观恢复是使毁林或退化森林景观得以重新获得生态完整性和促进人类福祉的过程。森林景观恢复潜力评估方法主要为较大区域生态系统恢复行动规划及政策制定提供相关的数据分析支持。规划应用恢复潜力评估方法能够把森林景观恢复和国家优先行动如山水林田湖草生态保护修复更好地衔接起来，通过一系列数据分析和促进多部门合作，来确定评估区域的森林景观恢复最佳方案。恢复潜力评估有助于解决以下几类问题：从社会、经济和生态可行性而言，恢复哪里最合适？恢复机会的总体范围是什么？哪些类别的恢复是最可行的？评估可以为决策者和利益相关者提供更好的信息，以确定恢复的优先领域、相关和可行的修复干预类型选项及其成本和收益评估，以提升和改善退化森林景观恢复决策机制。

规划应用了景观恢复潜力评估方法，评估山水林田湖草沙等要素的整体性及生态功能的恢复潜力，考虑潜在利益方群体诉求，建立从实践到政策层面的

技术支撑和决策框架，形成多种策略、措施和选项组合，以有效应对当前气候变化、土地退化、资源过度消耗等诸多困难和风险，恢复多种生态、社会和经济功能，提升区域整体的生态系统产品和服务功能。

三、确定了规划工作指南

面对区域森林退化和经济贫困双重压力，规划建立了关键生态问题分析框架，提出了生态重要区、生态脆弱敏感区和人为活动干扰区的多层次退化森林景观恢复目标及因地制宜的恢复措施，为山水林田湖草沙一体化保护和修复工程项目实施和部署提供控制性规划方案，也为修复工程空间布局、工程项目及措施模式等的实施方案提供工作指南。

四、建立了规划中国实践路线图

将退化森林景观恢复技术与中国山水林田湖草沙生态保护修复工作结合，规划将统筹国家生态功能区划、生态保护红线及森林景观恢复"双重过滤器"的整体系统目标，探索建立森林景观恢复的多尺度、多目标和多路径的规划路线。

（1）规划衔接。探索并建立了主体功能区划、生态保护红线和生态保护修复分析及恢复潜力评估方法框架的规划体系，规划与《全国重要生态系统保护和修复重大工程总体规划（2021—2035 年）》和《山水林田湖草生态保护修复工程指南（试行）》衔接，包括矿山环境治理恢复、土地整治与污染修复、生物多样性保护、流域水环境保护治理和系统综合治理修复等专项工作，对接职能部门专项规划核心内容，探索形成具有中国特色的森林景观恢复规划的框架体系和技术方案。

（2）规划工具包。综合应用森林景观恢复、资源环境承载能力和国土空间开发适宜性评价、景观恢复潜力评估方法和基于自然的解决方案等形成规划工具包。

（3）规划大纲。提出规划的总体原则、目标与定位、规划核心内容、关键要点、恢复方案与措施等，确定规划的目标任务、重要区域、重点工程和时序安排等，形成规划文本、图件、数据库及其他材料等成果。

五、探索了规划的多部门协调、协同和决策的实施机制

针对我国过去生态治理中存在各类工程条块分割，生态保护和修复系统性、整体性不足，通过建立多部门、多层次、跨区域协同规划布局，建立部门之间、行政区之间的协同和信息共享，形成区域顶层设计的目标统一、任务衔接、纵向贯通、横向融合，消除条块分割的管理模式，避免生态治理碎片化。从全局出发统筹兼顾、综合施策、整体推进，全方位、全地域、全系统开展生态治理，提高山水林田湖草一体化保护修复的效率。

退化森林生态修复的艰巨性和长期性，考虑项目投入、后期管理和更新成本，规划着重发展特色经济林、林下经济和森林康养等特色产业，建立起生态经济发展模式，推进资源可持续利用、带动农民增收致富、支撑区域经济发展，建立生态产品价值实现机制，让绿水青山有效转变为金山银山，实现生态效益、经济效益和社会效益的有机统一，形成生产、生活、生态"三生共赢"的协同发展模式。

第六章

规 划 建 议

探索森林景观恢复规划，还存在需要进一步提高规划条件的支撑，建议如下：

一、保障专项规划及基础数据的
时效性及一致性

规划基础数据资料不够完整，如第三次全国国土调查数据、最新卫星影像数据、森林土壤数据等基础数据缺失，或基础数据及资料不一致，如林业部门森林资源调查数据与第三次全国国土调查数据存在差异，政府职能部门等官方提供的生态环境资料和专项规划交叉重叠；或专项数据难以获取，如退化森林结构组成、土壤和凋落物厚度、林分郁闭度等指标数据。因此，需要提高基础数据资料一致性和官方调查统计数据的时效性，实现精准评估森林退化程度，科学确定退化森林景观恢复规模、空间布局、恢复方向及措施类型等规划指标。

二、探索规划的多层次恢复措施与
相关专项规划的有效衔接

规划需要实现控制性规划和实施规划的衔接。控制性规划主要是国家或省、市提出的退化森林景观恢复的总体布局和任务，强调宏观调控作用和"自上而下"指导决策过程。相关专项规划强调森林景观恢复的可操作性，需要"自下而上"地落实上级宏观工作任务和衔接具体恢复方案。森林景观恢复是在景观水平上将操作层面和控制层面有机衔接，形成符合实际的系统方案，是各种问题解决的技术方法的融合运用。

三、探索多部门及多利益方参与规划的
组织协调决策机制

森林景观恢复首先要满足国家和省、市（县）生态系统保护修复总体目标，才能得到国家政策和地方政府相关部门的强有力支持。其次，也要考虑森林景观恢复涉及的当地利益相关方的经济收益预期。因此，通过政府职能部门咨询、村民大会、村民访谈等参与式过程，不断与利益相关者协商、交流，通过资料收集、利益相关者分析、对利益相关者或利益相关团体代表培训、参与式访谈和成立规划工作小组来实现利益相关者对规划的支持。

四、研究规划实施的监测与评价方法

山水林田湖草沙生态保护修复项目监测与评价可以为退化森林景观恢复工程实施问题和恢复选择方向提供针对性评价。但考虑监测与评价的易用性、针对性和数据获取可靠性，指标体系应具有科学性、目的性和实用性原则。退化森林景观恢复的实践性很强，指标体系的实用性是确保监测与评价实施效果的重要基础。

五、突出退化森林景观恢复生态学研究

森林景观恢复需要加强以下相关生态学研究内容：

（1）景观格局与生态过程关系。退化森林景观空间布局特征，影响区域土壤侵蚀过程、水文过程和污染物传输过程等。森林景观格局与过程研究为山水林田湖草沙要素的空间配置提供依据。

（2）生态服务与民生福祉关系。基于国家主体功能区和生态功能区划确定人类福祉的代表性生态功能或生态系统服务指标，研究如何通过森林景观恢复实现生态产品服务、经济收益和社会效益的协同提升，探索解决从自然到社会、从科学到决策的综合系统管理模式。

附 件

规 划 大 纲

一、总 则

（一）指导思想

党中央把生态文明建设作为统筹推进"五位一体"总体布局和协调推进"四个全面"战略布局。

山水林田湖草生命共同体为指导。人的命脉在田，田的命脉在水，水的命脉在山，山的命脉在土，土的命脉在树。

遵循国土空间（生态、生活和生产）规划和生态保护修复区划，对山水林田湖进行统一保护、统一修复。

（二）规划依据

相关的法律法规、政策文件、相关规划、技术规范等。

《中华人民共和国森林法》

《中华人民共和国土地管理法》

《中共中央 国务院关于加快推进生态文明建设的意见》

《中共中央 国务院关于实施乡村振兴战略的意见》

……

（三）基本原则

1. 流域性

森林景观恢复空间界定，明确布局以流域为单元。流域体现了山水林田湖草各要素之间地理空间和生态过程关系。

森林景观恢复涉及区域、景观及生态系统等多尺度，以典型代表性流域为单元，规划方案可复制、示范和推广。

2. 综合性

森林景观恢复采取综合保护修复措施治理生态问题。对各类型生态保护修复单元分别采取保护保育、自然恢复、辅助再生或生态重建等多层次、多目标和多部门的综合性森林景观恢复技术模式。

3. 生态性

地域重点生态功能区划主导规划方向。基于生活、生产和生态空间功能区划，采用自然恢复与人工修复相结合，生物修复与工程修复相结合的措施，形成遵从典型地域生态功能的森林景观恢复方案。

4. 导向性

以问题导向和目标导向制定生态保护修复措施。问题导向主要是分析识别生态环境问题及其关联性，诊断自然生态系统受损情况及影响因素。目标导向基于区域生态功能定位、生态现状、参照生态系统属性和限制性因素阈值，设定修复总体目标和阶段目标，提出具体保护修复指标。

5. 系统性

统筹生态系统、空间格局和生态功能之间关系。以江河湖流域、山体山脉等相对完整的自然地理单元为基础，突出并强化重点区域，统筹合理规划山水林田湖草生态要素、空间格局及其生态功能目标。

6. 参与性

规划方案多部门协商与参与。景观恢复需要重复尊重多主体利益相关者、多部门的目标要求，纳入景观恢复规划决策，尽可能增加当地利益相关者的福祉。

（四）规划范围

市（县）行政区划国土空间。

（五）规划期限

10年，以2020年为基准年。

二、目标与定位

(一)规划目标

建立以林为主的山水林田湖草系统保护修复技术模式，形成森林景观恢复中国方案。

针对生态系统保护与治理中的重点难点问题，提出以林为主的山水林田湖草综合生态保护与修复方案。

围绕市（县）地域功能区划，就湿地、林地、水源地、重点江河湖库、生物多样性等提出保护修复目标，设定多层次的生态保护修复指标。

(二)基本任务

提出市（县）生态重要区和脆弱区生态保护修复目标，水土流失控制、废弃矿山修复、退化森林（草地）恢复、石漠化治理、生物多样性保护等方向的量化指标。

(三)功能定位

依托省市（县）国土空间规划相关要求，分析生态重要区、生态脆弱区和生态经济区的生态环境问题及生态功能定位目标，提出地域重点功能空间区划及其恢复方向。

(四)编制体系

以市（县）地域重点功能区为规划评估单元，选择主导功能类型典型流域，以生态系统类型为景观单元要素，建立"地域"型和"要素"型结合的生态保护修复编制体系。

"地域划定"：针对生态功能重要区域、生态环境敏感脆弱区域和人为干扰较为强烈的区域。

"要素配置"：根据保护修复对象和主要目标，建立山水林田湖草等景观单元配置结构，技术措施及设计，可以借鉴新型森林经营方案（案例）。

三、基本状况

（一）地理区位

规划区所在地理位置、交通及水系情况等。

（二）自然条件

地形、地貌、气候、土壤和植被等。

（三）自然资源

土地资源、矿产资源、森林（草）资源、水资源等分布。

四、现状与问题

生态状况：在景观尺度分析生态胁迫、生态系统质量、生态系统服务、景观格局等主要生态状况。

森林质量：评估森林资源、退化程度和生态功能状况，提出森林景观恢复空间区位、恢复机会、目标需求和潜力。

问题分析：通过生态问题及其关联性分析，确定以林为主的山水林田湖草生态保护与修复的关键要素。

（一）生态功能区划

市（县）地域重点功能区划：包括水源涵养、水土保持、石漠化防治、矿山修复、生物多样性保护等单项或多项功能区的空间分布。

（二）关键问题识别

市（县）地域功能类型划分，识别并评估水土流失、森林（草）退化、石漠化、地质灾害和生物多样性破坏、生物栖息地丧失及利益相关者冲突等关键问题。

（三）恢复机会评估

市（县）地域的生态系统重要性和生态脆弱性等级指标评估，选择生态系统退化严重、生态产品供应及服务功能显著下降区域，诊断分析需要保护保育和修复治理的对象及其现状、关键生态问题，评估区域生态恢复机会，提出预期的多层次恢复目标等。

五、方案与措施

（一）重点区域

提出市（县）水土流失、石漠化、矿山损毁土地和土地沙化等生态保护与修复的重点地段和优先区域（流域）。

（二）措施选项

综合恢复机会评估和多利益相关方目标，参考受损森林景观历史状态或周边，综合提出一个或若干个恢复选项。

（三）方案目标

基于生态保护、修复、生态产业及利用等方向，综合制定相应的恢复模式，提出具体的生态系统要素类型、景观单元配置及空间模式结构。分别提出保护保育、自然恢复、辅助再生或生态重建等保护修复技术模式、分级及分段目标。

六、效益评估

综合评价森林景观恢复阶段的生态产品及服务功能的演变，包括水土保持、水源涵养、防风固沙、森林碳汇、林产品、用工就业及经济收益等。

七、规划成果

（一）规划文本

条文形式表述。对规划内容提出规定性要求。包括指导思想、现状、规划目标指标、规划措施、规划成果等。

（二）规划说明

规划文本的具体解释，以章节形式对文本或图件作具体的说明。

（三）规划图件

规划制图符合国家行业标准《林业工程制图标准》（LY/T 5002—2014）。

统一采用 2000 国家大地坐标系和 1985 国家高程基准作为空间定位和规划的基础。